Mira las

por Tammy Jones

Palabras ilustradas

el círculo
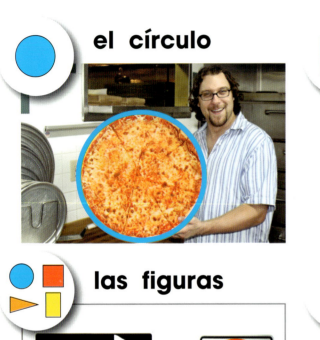

el cuadrado

las figuras

el rectángulo

el triángulo

Palabras de uso frecuente

el

las

puedes

ver

¿Puedes ver el ⬤ ?
círculo

¿Puedes ver el ◼ ?
cuadrado

¿Puedes ver el ▶ ?
triángulo

¿Puedes ver el ▯?

rectángulo

¿Puedes ver las ?

figuras